Dewang Djyo Stephane

Impacto da criação de mercados na disponibilidade de água de superfície em Babadjou

Dewang Djyo Stephane

Impacto da criação de mercados na disponibilidade de água de superfície em Babadjou

ScienciaScripts

Imprint

Any brand names and product names mentioned in this book are subject to trademark, brand or patent protection and are trademarks or registered trademarks of their respective holders. The use of brand names, product names, common names, trade names, product descriptions etc. even without a particular marking in this work is in no way to be construed to mean that such names may be regarded as unrestricted in respect of trademark and brand protection legislation and could thus be used by anyone.

Cover image: www.ingimage.com

This book is a translation from the original published under ISBN 978-620-2-02344-3.

Publisher:
Sciencia Scripts
is a trademark of
Dodo Books Indian Ocean Ltd. and OmniScriptum S.R.L publishing group

120 High Road, East Finchley, London, N2 9ED, United Kingdom
Str. Armeneasca 28/1, office 1, Chisinau MD-2012, Republic of Moldova, Europe
Printed at: see last page
ISBN: 978-620-8-10334-7

Dedicação

Este trabalho é dedicado aos meus queridos pais, Sr. **DJYO ANDRE** e Sra. **POUAPA ELIZABETH,** à minha alegre aldeia e à comunidade de Babadjou.

AGRADECIMENTOS

Os meus sinceros agradecimentos ao meu supervisor, Sr. Tepoule Joseph, pela sua assistência técnica, por ter tirado tempo e paciência da sua agenda preenchida para dirigir e supervisionar esta investigação.

Um agradecimento especial vai também para o departamento de Geografia por me ter familiarizado com os conceitos geográficos básicos, nos quais este trabalho se baseia preliminarmente. Estou igualmente grato aos meus professores do departamento de geografia. Agradeço ao Dr. Balgah, ao Dr. Fombe, ao Dr. Tiku, ao Dr. Usongo, ao Dr. Amawa, ao Sr. Tepoule, ao Sr. Toumba, ao Sr. Epalle, à Sra. Pamboudam

Estou igualmente grata ao meu pai Djyo André, à minha mãe Pouapa Elizabeth, às minhas irmãs Sandrine, Viviane, Manuela, Charlotte, Marie-Bernard, Carine, Nawal, Magie e aos meus irmãos Jean-Paul, Franck e Ange, pelo seu apoio moral, financeiro e material.

Os meus agradecimentos vão também para os meus queridos amigos Forti Aristide, Konde Gilbert, Carolyn Njunge, Betoh Marius, Levis, Hermine, Askia, Fansi, Harison. Agradeço também ao meu tutor, Sr. Kamta Jean Marie e à Sra. Kamta Celine, pelo seu apoio moral. Acima de tudo, a minha profunda gratidão vai para Deus todo-poderoso.

ABSTACT

O estudo de investigação sobre a horticultura e o seu impacto na disponibilidade de águas superficiais na encosta norte do monte Bamboutos é orientado por um bom número de problemas, nomeadamente: a redução contínua da quantidade de água e a degradação da qualidade da água. O cultivo de vegetais trouxe consigo um bom número de efeitos sobre as águas superficiais e sobre a comunidade, mas também contribuiu para o desenvolvimento da aldeia e para o bem-estar das pessoas. O estudo é orientado com alguns objectivos, tais como, estabelecer os principais problemas causados pela horticultura comercial nas águas superficiais, encontrar a reação da população da encosta a esta mudança na utilização da água. Para atingir o objetivo do estudo, foram recolhidos dados primários e secundários de várias fontes através de observações no terreno acompanhadas de fotografias, administração de questionários e entrevistas. Os dados secundários ajudaram na recolha de literatura relevante, entre outros. Os dados recolhidos foram submetidos a uma análise descritiva e a ferramentas analíticas inferenciais. Observou-se que a horticultura comercial contribuiu para a degradação das águas superficiais através da utilização de fertilizantes e pesticidas, bem como para a redução da quantidade de água superficial. No entanto, também contribui para o aumento do nível de vida das pessoas. A principal conclusão deste tópico foi que esta prática de irrigação leva à degradação das águas superficiais e à secagem de alguns rios no meio ambiente. Foram dadas algumas recomendações às pessoas e ao conselho, melhorando os tipos de fertilizantes que os agricultores devem utilizar e melhores tipos de métodos de irrigação, de modo a reduzir o impacto na redução e na qualidade da água. Por fim, concluiu-se que os objectivos da investigação foram alcançados através dos diferentes objectivos definidos no início.

ÍNDICE DE CONTEÚDOS

CAPÍTULO UM

INTRODUÇÃO GERAL

1.1: Contexto do estudo

O século XXI assistirá a mudanças globais generalizadas devido a variações climáticas, alterações demográficas, crescimento da população e transições demográficas. Prevê-se que estas alterações tenham um impacto significativo na qualidade e quantidade dos recursos hídricos e no calendário da sua disponibilidade em todo o mundo. Estes impactos, por sua vez, afectarão o desempenho e a sustentabilidade das infra-estruturas urbanas de recursos hídricos. (Sociedade Americana de Engenheiros Civis 2008).

No contexto global, tendo em consideração o ciclo da água, que pode ser definido como a existência e o movimento da água na, dentro e acima da terra. A água da Terra está sempre em movimento e está sempre a mudar de estado, de líquido para vapor, para gelo e vice-versa. (Capítulo "world fresh water" de Igor Shihlomanov no guia de Peter H. Gleick sobre os recursos mundiais de água doce). Neste sentido, sabemos que as alterações climáticas têm sido um fator dominante na variação da qualidade da água em todo o mundo, alterando o ciclo. Esses impactos incluem: ar e água mais quentes, alterações na quantidade e distribuição da precipitação e da queda de neve, precipitação e tempestades mais intensas e subida do nível do mar.

As alterações na quantidade de chuva que cai durante as tempestades provam que o ciclo da água já está a ser afetado. Nos últimos 50 anos, a quantidade de chuva que cai durante o 1% mais intenso das tempestades aumentou quase 20%. As temperaturas mais quentes do inverno fazem com que a precipitação caia mais sob a forma de chuva do que de neve. Além disso, o aumento das temperaturas faz com que a neve comece a derreter mais cedo no ano. Isto altera o tempo de fluxo dos cursos de água nas zonas montanhosas. (Programa de Alterações Globais dos EUA)

O ciclo da água é largamente influenciado e modificado pela flutuação e evolução do clima, tanto nos corposantes atmosféricos como nos continentais e oceânicos. A

5

mudança climática é, então, de natureza a modificar significativamente a maneira como os recursos hídricos se distribuem em habitabilidade na superfície do continente. (Douville et al., 2007) Os impactos exactos do aumento do clima sobre o ciclo da água são, no entanto, muito difíceis de prever. A repartição geográfica destas anomalias permanece igualmente incerta. (Douville et al., 2007).

O abastecimento de água está no centro de todas as perspectivas de desenvolvimento do continente africano. Tanto em termos de qualidade como de quantidade, são elementos cruciais para o bem-estar social, económico e ambiental. No entanto, em África, os recursos hídricos já sofrem grandes pressões, devido ao crescimento demográfico e à degradação das bacias hidrográficas causada principalmente pela alteração da utilização dos solos e do ambiente das bacias hidrográficas. As alterações climáticas correm o risco de agravar esta situação, (forum pour le partenariat avec I'Afrique, 2008) a redução da precipitação prevista por alguns modelos de circulação global, se for acompanhada de uma variabilidade interanual, pode prejudicar o orçamento hidrológico do continente e perturbar a maior parte das actividades socioeconómicas que dependem da água PNUE(2007)

Devido a esta pressão elevada sobre os recursos hídricos em África, foram postas em prática algumas adaptações à situação. Em vários países africanos, o acesso à água potável é baixo, com grandes disparidades entre as zonas rurais e urbanas. Estas últimas beneficiam de melhores condições para as infra-estruturas de canalização de água, a fim de garantir um acesso fiável à água potável no contexto das alterações climáticas (kundzewicz et al., 2007), que identificam um conjunto de medidas que incluem uma utilização crescente mas estável dos recursos hídricos subterrâneos, a dessalinização da água do mar e o aumento do armazenamento de água em reservatórios. (Pandy, Gupta, et Anderson, 2003) também identificam a água da chuva do mar como uma potencial medida de adaptação.

Alguns projectos de captação e armazenamento de águas pluviais foram propostos por alguns países menos desenvolvidos, como o Sudão e a Serra Leoa, nos seus programas de ação nacionais de adaptação (PANA). Para o projeto na Serra Leoa, o governo solicitou 2,8 milhões de dólares para um projeto de 3 anos que inclui a sensibilização da população para os benefícios das instituições de captação de águas pluviais (hospitais). Para o projeto de 2 anos no Sudão, o Governo estimou que seriam necessários 0,75 milhões de dólares para construir instalações de captação de água. O número de beneficiários e a escala exacta do perfil do projeto.

Uma consequência direta desta degradação da água devido à pressão exercida e às alterações climáticas é o facto de, no período 2010-2012, cerca de 239 milhões de pessoas estarem subnutridas em África, o que representa cerca de 28% do consumo total do continente (FAO, 2012). Prevê-se que os factores de stress biofísicos relacionados com o clima descritos agravem a vulnerabilidade existente da população, reduzindo o rendimento e a produção das culturas. Um número significativo de investigadores tem-se dedicado à adaptação no sector agrícola (ver, por exemplo, Pradeep Kurukulasuriya e Rosenthal, 2003, para uma revisão das opções de adaptação).

(P. Kurukulasuriya et al., 2006) observaram que a irrigação, como método de adaptação, tem um efeito positivo nos rendimentos das famílias agricultoras. Após um inquérito a cerca de 9000 agricultores em 11 países africanos, observaram que a irrigação aumenta os rendimentos agrícolas, apesar das temperaturas moderadas (Smith e Olesen, 2010). Os custos efectivos dos gases com efeito de estufa (GEE) identificaram opções de adaptação agrícola que também poderiam ter um impacto positivo na migração das emissões de GEE, tais como medidas que reduzem a erosão do solo ou aumentam a diversidade da criação de culturas.

Na sequência das medidas propostas pelos académicos, os governos de Cabo Verde e do Chade apresentaram propostas de projectos agrícolas para a modernização e diversificação da produção agrícola. No caso de Cabo Verde, trata-se da captação de águas superficiais para a agricultura e da previsão de alimentos para o gado. No caso do Chade, para um projeto de 3 anos, o governo do Chade estima as necessidades para esta área específica em 1,8 milhões de dólares. O projeto inclui o desenvolvimento do sistema de irrigação e reflorestação dos sistemas de águas superficiais do projeto.

Os Camarões são dotados de abundantes recursos hídricos, desde o Lago Chade, a norte, até ao Oceano Atlântico, a sul, e possuem numerosos rios, lagos e nascentes. De facto, os Camarões têm o maior potencial hidroelétrico de África, a seguir à RDC. Mas, na maior parte do país, há pouca água potável. Isso leva as pessoas a recorrer a água não segura de poços e riachos. Estima-se que os recursos hídricos totais dos Camarões são utilizados por 3 factores principais de consumo. A percentagem de consumo entre estes 3 factores é de 35% para a agricultura, 19% para a indústria e 46% para uso doméstico. Esta distribuição dos recursos hídricos foi efectuada em 1987 (http://earthtrend.wri.org/country profile/Cameroon). Mas uma percentagem mais recente foi estabelecida em 2007 e vemos a mudança do padrão da água e a sua implicação na agricultura do país. Esta percentagem é de 7% para uso doméstico, 17 para uso industrial e 76% para uso agrícola (fonte: Aquastat, 2007)

A agricultura é a base da economia dos Camarões, representando cerca de 41% do PIB (Banco Mundial, 2007) e 55% da força de trabalho (WRI, 2007). As terras aráveis ocupam uma área de 69.750 km^2 e representam 15% da superfície total. Cerca de 29% da terra arável é cultivada, principalmente nas regiões oeste e sudoeste. A irrigação contribuiu substancialmente para a produtividade, tornando possível o cultivo durante a estação seca

Olhando para a minha zona de estudo, Babadjou, que é uma zona rica em potencial hídrico e na qual nascem muitos rios como o Mifi e o Noun, as populações desta zona dependem sobretudo destes cursos de água que atravessam o concelho. Esta água é utilizada pelos agricultores, pelos civis e por muitos outros. Devido à crescente procura de produtos agrícolas e ao aumento da população, a água tem estado em constante redução nesta zona. Este fator leva a uma forma de agricultura não planeada que é a irrigação.

Muitas outras Nações Unidas integradas noutras explorações agro-industriais implantadas em Babadjou participaram eficazmente na difusão dos produtos lácteos no oeste dos Camarões. (Kaffo, 2005). Isto através da difusão de técnicas agrícolas modernizadas como a micro-irrigação por gravidade. Este tipo de irrigação é praticável em explorações com topografia plana, por exemplo (as planícies de Darmagnac em Babadjou). A prática continuada de uma irrigação não planeada nestas áreas terá um efeito drástico sobre os outros factores que utilizam a água, principalmente o utilizador doméstico. Esta quantidade de água é notavelmente reduzida, especialmente durante a estação seca. Isto deve-se ao facto de as explorações agrícolas estarem constantemente a aumentar e de a população também aumentar nestas áreas, com uma população estimada em mais de 300 pessoas/km^2 . Devido a este fator pesado de irrigação e ao aumento da população, o abastecimento de água está destinado a reduzir-se e a ter efeitos a longo prazo.

1.2 Questão de investigação

Quais são então os efeitos desta irrigação não planeada sobre as águas de utilização múltipla?

1.3: Declaração do problema

> Alteração da utilização das águas superficiais no sentido da sua integração no sistema de produção.

> Alteração da utilização da água pela população da encosta em resultado de uma mudança radical da gestão da água para fins agrícolas.

> Aumento progressivo da ocupação do solo pela agricultura, levando a uma maior pressão sobre as águas superficiais e, consequentemente, reduzindo a quantidade de água para a população da encosta.

O rio principal que nasce no topo da montanha é formado pela combinação de alguns afluentes. No passado, sem pressão e com menos actividades agrícolas nesta área, a disponibilidade de água não era ameaçada e estas águas fluíam por toda a parte. Mas com a mudança no padrão de uso da água, há uma redução notável na quantidade de abastecimento de água. Isto pode ser visto no coração da estação seca, quando os rios secam quase completamente. O aumento da agricultura nas encostas da montanha está a exercer uma pressão muito maior sobre a terra e, por conseguinte, numa zona rural em que as pessoas dependem exclusivamente da agricultura, são empurradas para as montanhas para praticar a horticultura comercial. Esta atividade é desenvolvida ao longo de todo o ano, o que significa que há duas épocas de cultivo. Durante a primeira estação, não se observa qualquer efeito na quantidade de água de superfície devido à precipitação. Por outro lado, a segunda é efectuada durante a estação seca. Uma vez que a área se situa nos trópicos, tem uma estação bem definida e dividida em estações secas e chuvosas. Durante a estação seca, sem chuvas, os agricultores são agora forçados a migrar para os rios para praticar o que é conhecido como irrigação. Isto é feito de uma forma tradicional, aproveitando a água através de tubos na direção vertical do fluxo do rio. Ao fazê-lo, estes agricultores aumentam gradualmente a pressão sobre este recurso e, consequentemente, alteram o padrão de disponibilidade da água de superfície para outras actividades da população da encosta. A redução da quantidade de água faz com que a população da encosta procure outra fonte de água para as suas diferentes actividades. Algumas delas são obrigadas a deslocar-se muitos quilómetros para obter água, o que constitui um grande problema para estas pessoas

1.4: Objectivos da investigação

Durante a minha investigação, existem alguns objectivos que me orientam para a realização de um bom projeto. O principal objetivo deste estudo é determinar os principais problemas causados por esta jardinagem de mercado na disponibilidade de águas superficiais. Alguns objectivos específicos também me guiam no decurso deste relatório. Estes objectivos são;

> Estabelecer uma relação entre a agricultura e a disponibilidade de águas superficiais.

> Descobrir como a população da encosta reage à mudança no padrão da água.

> Determinar os impactos positivos e negativos desta atividade para a população de Babadjou.

> Analisar as possíveis soluções para os diferentes problemas causados por esta exploração excessiva das águas.

1.5 Hipótese de investigação

O meu estudo de investigação será orientado pela seguinte hipótese

H_0 : a prática da irrigação tem um impacto negativo nas águas de superfície e na população de Babadjou

H_1 : a prática da irrigação não tem impacto nas águas de superfície e na população de Babadjou

1.6 Método de investigação

1.6.1 Recolha de dados a) Fonte de dados primários Os dados primários são recolhidos através de observação no terreno, entrevistas com as partes interessadas através de um método explicativo semi-dirigido. Isto será ainda reforçado por dados económicos e de agro-produção recolhidos junto da delegação sub-divisional da agricultura e do desenvolvimento rural nas terras altas de Babadjou. Um bom número de questionários será efectuado de forma aleatória e sistemática para obter informações sobre os impactos desta horticultura de mercado na disponibilidade de águas superficiais e os seus impactos na vida humana e na sociedade da região

b) Fonte de dados secundários

Trata-se de trabalhos anteriores de diferentes autores, tanto de livros publicados como de materiais não publicados. A avaliação da fonte de dados da biblioteca, a biblioteca da Universidade de Buea na Internet, a biblioteca de Bamboutos, também foram obtidas informações no gabinete do presidente da Câmara de Babadjou.

1.7 Área de estudo

1.7.1 Localização

A subdivisão de Babadjou situa-se a cerca de 12 km de Mbouda, na estrada Nation n°
6 que liga Mdouda a Bamenda. Depende da divisão de Bamboutos, na região oeste

dos Camarões. A subdivisão de Babadjou situa-se entre as longitudes 10^0 4' a 10°10' Este e 5^0 37' a 5^0 46' Norte.

Babadjou partilha as fronteiras com o conselho de Santa a norte, a leste com o povo Bamessingue (conselho de Mbouda), a oeste com a região noroeste e a divisão de Lebialem (região sudoeste), a sul com o povo Balatchi (conselho de Mbounda) e com o conselho de Batcham

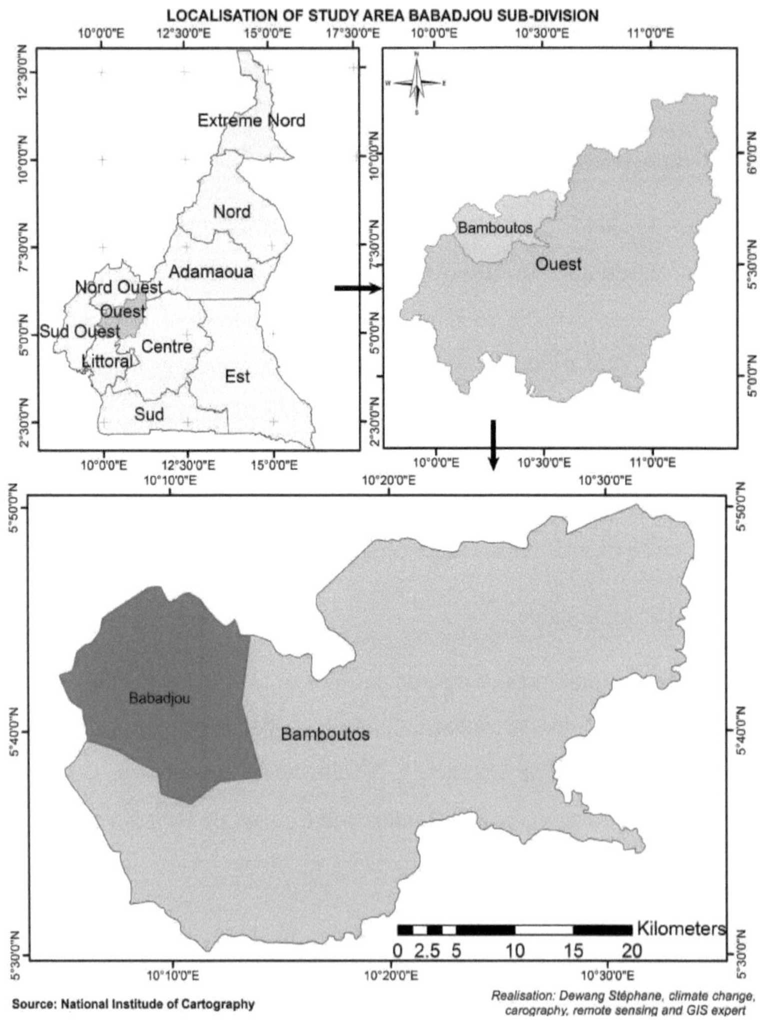

1.7.2 Clima

O clima de Babadjou é semelhante ao de toda a região ocidental, ou seja, o tipo de altitude dos Camarões, caracterizado por uma estação longa e chuvosa que começa em meados de março a meados de novembro e uma estação seca curta que vai de meados de novembro a meados de março. A precipitação média anual é estimada entre 1500 e 1800. Os ventos sopram em Babadjou e mudam de direção e de força consoante a estação (moonzones e harmattan). Estes ventos estão na origem de certos danos causados a plantas frágeis como a bananeira e o milho. A humidade relativa do ar oscila entre 50% e 70%, com um máximo de cordas em agosto e setembro. Este período, que coincide com as actividades de colheita, traz alguns problemas de armazenamento e conservação de alguns produtos como o milho, o feijão e o amendoim

Tabela 1: Dados de Precipitação e Temperatura

MONTH	TEPERATURE(^{0}c)	PRESIPITATION(mm)
January	20.60	12
February	21.0	36
March	21.1	125
April	20.7	180
May	20.1	173
June	19.1	229
July	18.4	301
August	18.5	306
September	18.8	357
October	19.0	244
November	19.8	51
December	20.1	11

Fonte: inquérito no terreno, 2015

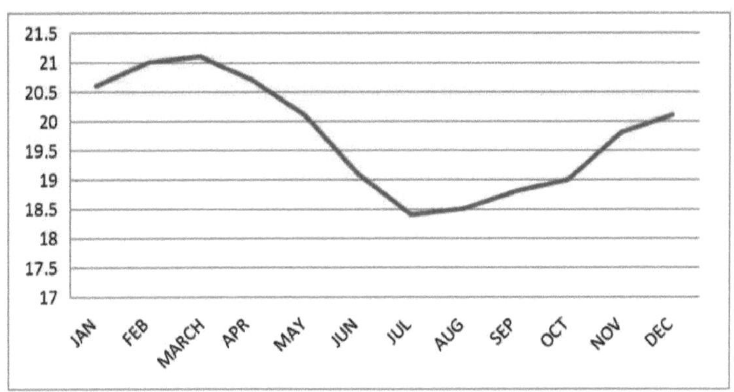

Figura 1: Variação da temperatura em Babadjou, 2014
Fonte: Conselho Rural de Babadjou, 2015

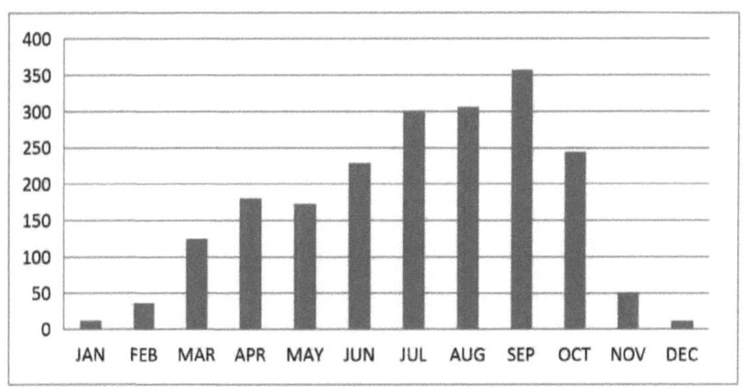

Figura 2: Variação da precipitação em Babadjou, 2014
Fonte: Conselho Rural de Babadjou, 2015

1.7.3 ALÍVIO

O relevo de Babadjou é acidentado com alguns vales, planícies, algumas colinas e montanhas. Podem distinguir-se 4 unidades de paisagens: as numerosas colinas, os vales estreitos e abundantes, alguns planaltos menos espalhados e em menor número como o de Zavion, as poucas terras baixas (planície) e mais ou menos pântanos. A topografia global está orientada do oeste (monte Bamboutos; 2750m) para o leste (Bamessingue 1400m) o dent de Bamboutos encontra-se no concelho de Babadjou.

1.7.4 Solos

Existe uma diversificação de solos; em direção às montanhas, solos vulcânicos, antigos, negros, fiáveis e férteis; um local de conflito devido ao boom demográfico; em direção às terras mais baixas, solos ferralíticos ou lateríticos mais ou menos cascalhentos, castanhos, arenosos e argilosos. Podem ser identificadas quatro unidades de extração de areia, que são as de Deji, Thouoh, Davou, Ndou: existe também uma exploração múltipla de rochas. Rochas como as basálticas e os granitos são aí extraídas.

1.7.5 Hidrografia

A hidrologia de Babadjou é constituída por um grande número de cursos de água secos e húmidos durante a estação seca: muitos deles sob o sopé do monte Bamboutos, mais de 40 cursos de água potável exploráveis, a maioria dos quais por sistema gravitacional. Nde um pequeno ribeiro que corre por todo o lado. Circulando, em geral, de oeste para leste, para se desaguar no rio Noun. Podemos também localizar alguns cursos de água como: Matazam, Fahfo, Ngon, Kookwate, Doji, Tousson(madzeu), Melong, Malou, Madjui, To'odzo, toulepeih etc.

O padrão de drenagem em Babadjou é o de paralelo que parte da montanha e flui em qualquer direção em direção ao seu alimento. Uma vez que a área é caracterizada por um bom número de cursos de água, torna-se difícil distinguir realmente o tipo de padrão de drenagem na área. Isto porque, no topo da montanha, começam de forma radial, mas caem em diferentes áreas fora de Babadjou. Mas em direção a Babadjou, começa de forma paralela e muda para uma treliça e depois dendrítica. A maioria destes rios corre de leste para sudoeste.

1.7.6 Vegetação

A vegetação é essencialmente constituída por savana com arbustos e arvoredo, com numerosas árvores de fruto (Citrus sinensis, Mangifera indica, Persea Americana Miller, Carica papaya L etc.) Musa spp, alguns eucaliptos para madeira e artesanato e algumas árvores silvestres. Algumas explorações de ráfia circundam as ribeiras e estão por vezes associadas a alguns tipos de agricultura no interior das plantações. A vegetação dominante continua, no entanto, a ser a das culturas hortícolas e frescas.

A fauna do concelho de Babadjou é reduzida e pouco diversificada devido à pressão humana (habitações e explorações agrícolas) em todo o território do concelho. Podemos, no entanto, ver alguns animais como macacos, coelhos, esquilos, corças, etc. algumas aves como pardais, coroas, corujas, morcegos, galos, etc. também temos alguns répteis e insectos como: cobras, lagartos, camaleões, abelhas, vespas, gafanhotos e moscas.

1.7.7 Atividade económica

Agricultura

Esta atividade, realizada sobretudo de forma tradicional, ocupa a maioria da população e representa a principal fonte de rendimento familiar. Os tipos de agricultura mais praticados são: culturas mistas (milho, feijão, batata-inglesa, tarn, batata-doce, amendoim, soja, etc.), lacticínios (malagueta, tomate, couve, pimento verde, cebola, pepino, etc.), banana (banana e banana-da-terra), frutos (pera, ameixa, manga, laranja, limão, lima, pata-de-vaca, etc.). Ainda existem muitas explorações de café em Babadjou, mas a sua manutenção já não é como antes devido à queda dos seus prémios. O cultivo de palmeiras raphia é uma especialidade do povo de Babadjou. Babadjou está entre os maiores produtores de rafia dos Camarões, com cerca de 3000 litros colhidos diariamente, dos quais cerca de 2000 são comercializados e exportados para as grandes cidades do país.

Criação de animais

A criação de animais é essencialmente do tipo tradicional. A população cria à volta das suas casas algumas aves de capoeira (centenas de espécies de galinhas locais, patos, perus, etc.). Algumas cabras e ovelhas são criadas em pequenas quintas perto da casa, enquanto os porcos são mantidos em suiniculturas. Alguma apicultura e raros amadores não convecionais também operam na comuna, além disso, também temos alguns Fulbe que criam alguns bovinos. Também existe alguma avicultura intensiva na comuna, da qual duas explorações modernas com mais de 6000 poedeiras em Kombou, 10 explorações de produção de galinhas. A população cria para objectivos culturais e consumo próprio e, de vez em quando, os animais são soltos pelos seus proprietários devido a alguns problemas urgentes.

Pesca

Apenas a pesca artesanal é praticada para lazer e feita com linhas por crianças ao longo dos rios.

Água

A insuficiência de água potável obriga a população a consumir água de córregos e chuvas de qualidade duvidosa e mesmo de rios, a lavagem de roupas e louças é feita dentro desses rios e a poluição é levada pelo curso d'água que é utilizado para usos domésticos.

Extração de rochas e areia

São feitas de forma artesanal por pessoas distintas do concelho que não beneficiam das mesmas. A areia é levada pelos rios e transportada por camiões. As rochas são escavadas, desenterradas e quebradas, por vezes com recurso ao fogo, e vendidas nos bairros. A autarquia ganhará mais e aumentará a rentabilidade deste sector equipando, por exemplo, as acessibilidades e instituindo a exploração fiscal.

Artesanato e turismo

O artesanato é feito com argamassa de construção, bambu, cadeiras, cestos e sacos feitos de fibras de ráfia, esculturas em madeira, confeção de panos, etc. Vemos carpintarias, pedreiros, fotógrafos, técnicos, cabeleireiros, etc. O turismo é uma atividade em crescimento, como é o caso do Refúgio Panorâmico de Djinso, do Hotel Souvenir de Kombou, do Hotel de Balepo. As actividades de bares e/ou restaurações públicas são realizadas em certos edifícios como o Complexo Ken, o Amour du Pay, o Pavillion Vent, etc. Um projeto de desenvolvimento turístico está em curso e pode revitalizar este sector, especialmente o ecoturismo baseado no elemento de uma estrada para o monte Bamboutos, locais secretos como (florestas, Ntoh'so, Maloung, Mbidou, e algumas grutas, etc.), os grupos de dança da chefia Babadjou (dança real, Larhe, etc.), cerimónias fúnebres.

Transportes e estradas

Existem muitas zonas rurais em Babadjou, mas estão em muito mau estado porque são pouco cuidadas. Há também o facto de muitos caminhos terem sido devorados por quintas. A manutenção comunitária dos caminhos rurais, cuja importância já não é demonstrada, teria perdido toda a sua vitalidade.

CAPÍTULO 2

REVISÃO DA LITERATURA E QUADRO CONCEPTUAL

Este capítulo apresenta a revisão da literatura relacionada com o estudo. São abordados os aspectos relevantes que colocarão este estudo na perspetiva correta. Temas como: produção de hortícolas e utilização de pesticidas, disponibilidade de águas superficiais, impactos da produção de hortícolas na água e no ambiente, impactos na população. Explora o que outros estudos de investigação descobriram, com particular interesse para a compreensão do conceito de horticultura comercial, águas superficiais e disponibilidade.

2.1 REVISÃO DA LITERATURA

2.1.1 Análise da produção e dos efeitos dos produtos hortícolas

A fim de produzir para os mercados internacionais, os agricultores dos países em desenvolvimento dependem de pesticidas para a produção agrícola (Maumbe & Swinton, 2003). As temperaturas elevadas, juntamente com a humidade elevada dos climas tropicais, agravam os problemas de pragas e doenças (Okello, 2005). A utilização de pesticidas nas regiões tropicais tem sido muito acentuada devido às normas de qualidade cosmética nos mercados de exportação de frutas e legumes frescos.

Muitos países em desenvolvimento que procuram diversificar a sua produção, passando de produtos de base para produtos de elevado valor, melhoraram a produção e a exportação de produtos frescos. Nas décadas de 1980 e 1990, devido à queda dos preços do café e do cacau, a maioria dos agricultores dos países africanos embarcou no cultivo e na exportação de frutas e legumes frescos, a maior parte dos quais destinados à Europa (sendo o Reino Unido, a Holanda, a Alemanha e a Itália os principais importadores) (Okello *et al.*, 2010). Tal como no caso do sector queniano do feijão verde, a forte expansão das exportações de feijão verde destina-se, em grande medida, aos consumidores europeus que exigem atributos de qualidâde estética, como a ausência de manchas, que geralmente incentivam uma maior utilização de pesticidas (Farina E e Reardon T, 2000). De acordo com as normas do International Food Safety Standards (IFSS), na produção de produtos hortícolas para exportação só devem ser utilizados pesticidas que sejam seguros para os agricultores e trabalhadores agrícolas, para outras espécies não visadas e para os consumidores. No entanto, os pesticidas mais seguros são frequentemente mais caros ou menos eficazes (Jaffee, 2003).

De acordo com os analistas africanos, "os benefícios esperados para os consumidores europeus imporiam custos inaceitáveis aos produtores africanos, especialmente aos pequenos agricultores e, por conseguinte, os efeitos sobre o bem-estar dos produtores africanos" (Mungai, 2004). O cumprimento do IFSS europeu tem sido objeto de um intenso debate

Uma revisão não exaustiva da literatura (Tankou, 1996; SAILD, 1998; SAILD, 2001) mostrou que as principais categorias de hortaliças cultivadas nos Camarões são as raízes, os bolbos, as folhas e os frutos. Os produtos hortícolas de raiz incluem a cenoura, a beterraba e a batata. A cebola e o alho são os principais produtos hortícolas de bolbo, enquanto que os principais produtos hortícolas de folha incluem o mirtilo, o amaranto, a couve, o quiabo do mato, a alface, a salsa, o aipo e o alho francês. Outros legumes importantes cultivados nos Camarões são o pimento (doce e picante), o feijão verde, o tomate, o ovo de jardim, o quiabo e a melancia

Os legumes e as frutas são de importância económica e regional, conforme relatado por Kouame, (2007), para a zona húmida da África Ocidental e Central: De acordo com a mesma fonte, a literatura sobre a sua produção total e área de superfície cultivada estava disponível apenas para cinco, nomeadamente, egusi, quiabo, cebola, pimenta e tomate

Letouzey (1968) afirmou que as caraterísticas da paisagem vegetal atual têm estado sob a influência de actividades humanas intensas. É o caso da minha área de estudo com o aumento da população humana nos últimos anos, o que leva a um aumento da pressão sobre os recursos hídricos devido ao aumento do cultivo de vegetais na área.

De acordo com Tindall, 1983, o aumento da população na maioria dos países tropicais levou a uma nova consciencialização da importância das culturas hortícolas como fonte de alimentação, acompanhada pela perceção de que muitos vegetais podem fornecer materiais nutricionais essenciais que podem não estar prontamente disponíveis noutras fontes. Este facto levou muitas pessoas a instalarem-se em Babadjou e a exercerem uma maior pressão sobre a terra, a fim de produzirem mais destes vegetais. Inquéritos recentes realizados pelo Instituto de Recursos Naturais nos Camarões e no Uganda fornecem provas de que as hortaliças oferecem uma oportunidade significativa para as pessoas mais pobres ganharem a vida, como produtores e/ou comerciantes, sem necessidade de grandes investimentos de capital.

Dittoh (1992) relatou que a produção de hortaliças da estação seca na Nigéria se tornou um negócio em expansão. Para além do agricultor e dos trabalhadores agrícolas que produzem os legumes, há muitas pessoas envolvidas no transporte do produto do produtor para o consumidor. Isto pode ser aplicado à área de estudo, na medida em que, devido à produção de legumes na estação seca, muitos agricultores se dedicam a esta atividade, utilizando assim a irrigação e reduzindo a disponibilidade de água, o que causa um grande impacto na população da encosta

2.1.2 Análise da disponibilidade de águas superficiais

De acordo com Ward e Robinson (2000), a resposta do caudal do curso de água à precipitação depende das vias de escoamento da bacia hidrográfica, que incluem a precipitação direta (no curso de água), o escoamento superficial, o escoamento através do solo ou o escoamento subsuperficial pouco profundo e o escoamento subterrâneo. O escoamento superficial é descrito como a água que flui sobre o solo, quer como escoamento quase laminar, quer como escoamento que se anatomiza em gotas e riachos, enquanto o escoamento de passagem (ou interfluxo) se refere aos escoamentos subsuperficiais que se deslocam lateralmente para os cursos de água através de solos não saturados e em zonas saturadas "empoleiradas

Jenkins et al. (1994). Afirmaram que o escoamento superficial é influenciado pela variação espacial da topografia, vegetação, caraterísticas do solo e geologia. Ward e Robinson (2000) acrescentaram que o fluxo de passagem é intensificado por horizontes de baixa permeabilidade no perfil do solo ou por uma elevada anisotropia vertical-horizontal na permeabilidade do solo. Este facto é particularmente importante em bacias de declive acentuado, segundo Moore e Thompson (1996). Uma vez que a área de estudo se encontra nas terras altas ocidentais dos Camarões, com uma altitude que varia entre 1100-2300 m, com um bom número de montanhas onde estas actividades agrícolas são praticadas.

A irrigação tem sido utilizada para aumentar os níveis de produção em muitos países e é utilizada para a produção de toda uma série de culturas, incluindo produtos hortícolas. O aumento da produção agrícola depende em grande medida da fiabilidade da precipitação. No entanto, os padrões de precipitação nos países tropicais africanos são erráticos na distribuição, o que afecta diretamente a produção de culturas, uma vez que a área de estudo está localizada na parte tropical de África, a precipitação é realmente um grande problema, uma vez que está dividida em 2 estações principais com limites bem definidos, o que faz com que os agricultores utilizem os rios e, consequentemente, causem uma redução na quantidade de água disponível para a área realizar outras actividades diversas. A irrigação foi definida como a aplicação de água suplementar à fornecida pela precipitação para a produção de culturas. Esta definição abrangente cobre uma vasta gama de condições que incluem esquemas de irrigação formais sofisticados com extensas infra-estruturas permanentes, bem como práticas tradicionais de recessão sob esquemas limitados de controlo da água (FAO, 1986).

De acordo com Wim Van der Hoek, 2004, a utilização de águas residuais na agricultura está a aumentar devido à escassez de água, ao crescimento da população e à urbanização, que conduzem à produção de mais águas residuais nas áreas urbanas.

Com a crescente escassez de recursos de água doce disponíveis para a agricultura, a utilização de águas residuais urbanas na agricultura irá aumentar, especialmente nos países áridos e semi-áridos. A nossa área de estudo, que se situa no meio rural, não está envolvida nesta introdução da utilização de águas residuais na agricultura, o que leva a um aumento da utilização de água e à poluição da água na área, devido ao tipo de pesticidas e fertilizantes presentes na água, o que tem um grande número de impactos no ambiente.

2.1.3 Impactos do uso do solo na qualidade da água

Os caudais de ponta podem aumentar como resultado de uma mudança na utilização do solo se a capacidade de infiltração do solo for reduzida, por exemplo através da compactação ou erosão do solo, ou se a capacidade de drenagem for aumentada. O caudal de ponta pode aumentar após o abate de árvores (Bruijnzeel, 1990). Os aumentos relativos do caudal pluvial após a remoção das árvores são menores para grandes fenómenos e maiores para pequenos fenómenos. À medida que a quantidade de precipitação aumenta, a influência do solo e do coberto vegetal no caudal pluvial diminui (Bruijnzeel, 1990; Brooks *et al.*, 1989).

O impacto do uso do solo no escoamento médio é função de muitas variáveis, sendo as mais importantes o regime hídrico do coberto vegetal em termos de evapotranspiração (ET), a capacidade do solo para reter água (capacidade de infiltração) e a capacidade do coberto vegetal para intercetar a humidade.

Uma alteração da cobertura do solo de uma evapotranspiração mais baixa para uma evapotranspiração mais elevada conduzirá a uma diminuição do caudal anual dos cursos de água. A partir de uma revisão de 94 experiências de captação, Bosch e Hewlett (1982) concluíram que o estabelecimento de coberto florestal em terrenos com vegetação esparsa diminui a produção de água. A floresta de coníferas, a floresta de folhosas de folha caduca, os arbustos e a cobertura de erva têm (por esta ordem) uma influência decrescente na produção de água das áreas de origem em que as coberturas são manipuladas.

2.2: Quadro concetual

A horticultura de mercado é uma forma de cultivo intensivo de vegetais e frutas para venda ao público. A horticultura de mercado é um novo conceito que tem vindo a ganhar o mercado atual devido ao aumento da sua procura. O facto de esta prática ser uma prática agrícola implica a utilização de diferentes factores, nomeadamente a irrigação, os fertilizantes e a utilização de pesticidas.

A irrigação consiste em fornecer água aos terrenos para que as culturas e as plantas cresçam. Nos últimos anos, a irrigação tem vindo a registar um aumento. Este facto deve-se ao aumento da população em todo o mundo, que exerce pressão sobre os recursos e que levou ao aumento das técnicas agrícolas, sendo uma delas a irrigação. Esta irrigação é feita nos últimos anos principalmente em algumas culturas específicas; trata-se da horticultura de mercado devido à sua necessidade constante nos últimos anos.

A utilização de fertilizantes e pesticidas tem sido aplicada desde há muito tempo, mas não como atualmente. Muitos governos recomendam a utilização destes produtos químicos para melhorar a produção agrícola. A utilização destes produtos químicos desempenha um papel importante na melhoria das técnicas agrícolas; este facto pode ser observado no aumento contínuo da produção de diferentes produtos agrícolas, especialmente na produção de produtos de horticultura comercial.

A água de superfície é a quantidade de água que pode ser encontrada em rios, lagos, ribeiros, nascentes e a uma determinada profundidade abaixo da superfície da terra. Esta água é necessária para o crescimento das plantas, assim como a água subterrânea. A disponibilidade desta água está a diminuir em todo o mundo, especialmente no interior. Em muitos casos, tem havido secas em zonas onde não havia secas, devido às alterações climáticas e às actividades humanas. Por exemplo, o Reino Unido enfrenta desafios em termos de disponibilidade de água para satisfazer as necessidades das pessoas, da indústria e do ambiente aquático. Os últimos anos evidenciaram os extremos da disponibilidade de água, com períodos prolongados de secas e inundações.

O aumento da população leva à intensificação da agricultura em todo o mundo. Estima-se que, até 2030, a população mundial aumentará para cerca de 8 biliões de pessoas (Nações Unidas, 2004). Uma população em crescimento significa uma procura crescente de alimentos e, provavelmente, menos espaço para o cultivo agrícola.

As práticas agrícolas intensivas influenciam fortemente o ciclo da água doce. A irrigação é responsável por 70% da retirada total de água doce no mundo (FAO, 2006). As utilizações intensivas da água, em combinação com a poluição da água, contribuem para a alteração da ecologia da água doce (FAO, 2006). Com a intensificação das práticas agrícolas e o aumento da população mundial, é exercida uma maior pressão sobre a água doce do planeta. Uma pressão elevada sobre a água doce conduz a uma alteração na distribuição das espécies e, consequentemente, a um possível empobrecimento da biodiversidade. Todos os bens e serviços associados aos recursos hídricos são assim potencialmente, mas diretamente, afectados por essas alterações.

A alteração da qualidade da água conduz a alterações das condições socioeconómicas. A água doce é utilizada para numerosos fins domésticos e económicos, por exemplo, água potável para pessoas e rebanhos, pesca, irrigação e para fins higiénicos. A degradação da qualidade da água implica alterações a nível social e económico, mas também a nível sanitário (PNUD, 2006).

Este facto pode ser observado na área de estudo com o aumento da população, que levou a um aumento da pressão sobre as águas superficiais e a sua disponibilidade através do aumento da horticultura comercial. Este aumento da horticultura comercial teve algumas consequências ecológicas, especialmente para a comunidade de Babadjou. É possível desenhar um modelo para mostrar o impacto da horticultura comercial nas águas superficiais de que a população depende.

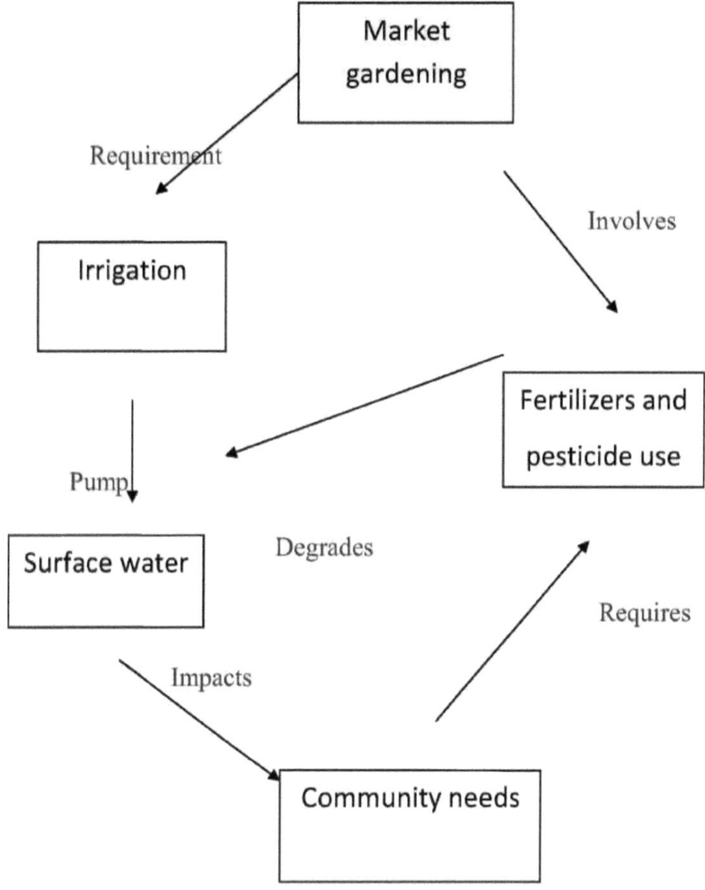

Fonte: inquérito no terreno, 2015
Figura 3: Um modelo sobre os impactos da horticultura comercial nas águas superficiais e na comunidade

A partir do modelo acima, observa-se que a horticultura de mercado envolve o uso de fertilizantes e pesticidas, necessitando também do uso de irrigação. Esta irrigação e a aplicação destes fertilizantes e pesticidas são os diretórios do que se seguirá mais tarde no decurso do estudo. O estudo aborda os impactos desta horticultura comercial na disponibilidade de águas superficiais que, por sua vez, afectam a comunidade de Babadjou.

A irrigação, no seu processo, bombeia água de diferentes rios e riachos da região, o que leva à redução da quantidade e da quantidade desses rios para a população. Uma vez que a população depende destes rios para os seus diferentes usos domésticos, por outro lado, os fertilizantes e pesticidas degradam a qualidade das diferentes águas superficiais, isto porque os produtos químicos são lavados e transportados pela água e despejados nestes rios, o que contribui para a população das massas de água. A comunidade, por seu lado, não pode prescindir da utilização destes produtos químicos, uma vez que tem grande necessidade deles para melhorar a sua produção agrícola

Por conseguinte, este círculo indica que a comunidade e a agricultura não podem parar na sua inter-relação, porque a população de Babadjou depende da horticultura comercial para melhorar os seus rendimentos, pois foi demonstrado que a maioria da população de Babadjou se dedica a este tipo de agricultura. Isto deve-se ao facto de este tipo de agricultura se destinar principalmente a fins comerciais.

CAPÍTULO TRÊS

APRESENTAÇÃO DOS DADOS E RESULTADOS

Este capítulo trata da análise das respostas, da verificação da hipótese de investigação e da resposta aos objectivos. Tem também como objetivo analisar a forma como a horticultura comercial afecta a disponibilidade de água superficial na encosta norte do monte Bamboutos. (Babadjou). As percentagens são utilizadas para representar os dados que foram recolhidos através de questionários. As perguntas do questionário baseavam-se no tema principal da investigação. Os dados são apresentados através de tabelas, imagens e gráficos.

3.1: CARACTERÍSTICAS DEMOGRÁFICAS DA POPULAÇÃO DE BABADJOU

As caraterísticas demográficas do povo Babadjou baseiam-se principalmente nas suas caraterísticas sociais, como o tipo de casa, a dimensão do agregado familiar, a localização da exploração agrícola, o nível de escolaridade, etc.

3.1.1: Materiais de construção da casa

Tabela 2: Materiais de construção da casa.

Responses	frequency	Percentage
Mud	21	52.5%
Brick	15	37.5%
Tiles	4	10%
TOTAL	40	100%

Fonte: inquérito no terreno 2015

A partir do quadro, observa-se que a maioria das pessoas constrói as suas casas com lama, o que mostra o baixo nível de desenvolvimento da população de Babadjou.

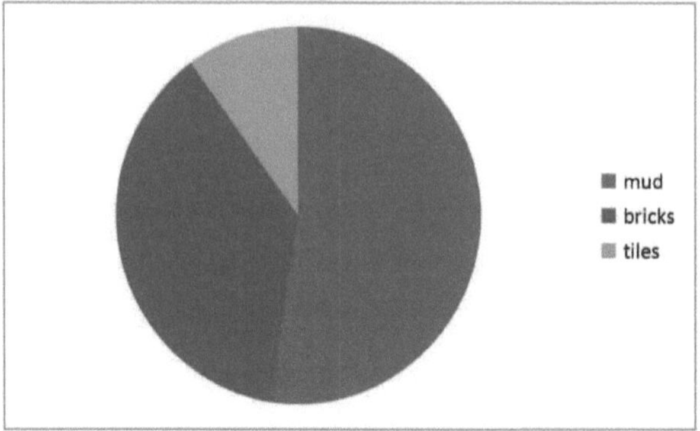

Fonte: inquérito no terreno, 2015

Figura 4: Materiais de construção da casa

A partir da análise dos dados, o material de construção das casas foi dividido em três tipos diferentes: barro, tijolo e telha. Os inquiridos indicaram que 52,5% das casas eram feitas de barro, 37,5% de tijolos e 10% de telhas

3.1.2: Dimensão do agregado familiar

Quadro 3: Dimensão do agregado familiar

Responses	Frequency	Percentage
1-4persons	12	30
5-8persons	23	57.5
9+	5	12.5
total	40	100

Fonte: inquérito no terreno 2015

A tabela acima mostra que o número de pessoas que saem em diferentes agregados familiares varia entre 5-8 pessoas por casa. Isto mostra que os agregados familiares são muito grandes, 30% dos agregados familiares têm cerca de 1-4 pessoas, 57,5% entre 5-8 pessoas e 12,5% têm cerca de 9+.

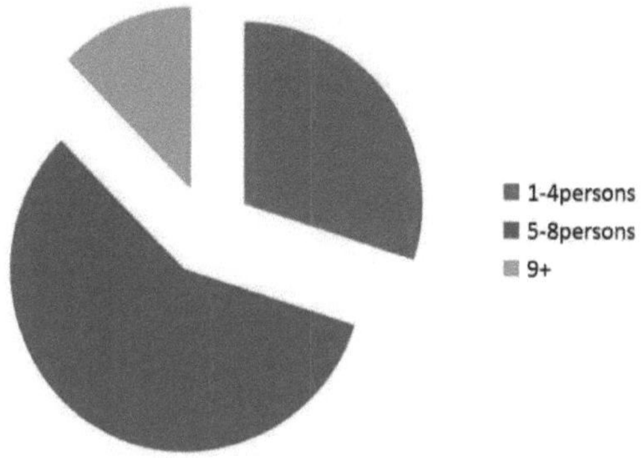

Fonte: Inquérito de campo, 2015

Figura 5: dimensão do agregado familiar

A partir do gráfico acima, a maioria dos agregados familiares dos inquiridos tem entre 5 e 8 pessoas. A percentagem de pessoas mostra que o menor número de inquiridos tem cerca de 9+. Isto mostra que o tamanho dos agregados familiares é muito grande devido às más condições de vida das pessoas.

3.1.3: Localização da exploração

Quadro 4: Localização da exploração

Respondents	Frequency	Percentage
Bamepa'a	5	12.5
Kombou	7	17.5
Ngong	12	30
Za'vaion	4	10
Fido	7	17.5
Topelou	5	12.5
Total	40	100

Fonte: inquérito no terreno 2015

O quadro acima mostra que, dos locais onde foi efectuada a investigação, foram examinadas 6 zonas diferentes, nomeadamente Bamepa'ah, Kombou, Ngong,

Za'avion, Fido e Topelou. Os dados mostram que Ngong é a principal área produtiva da investigação e Za'avion é a área menos produtiva.

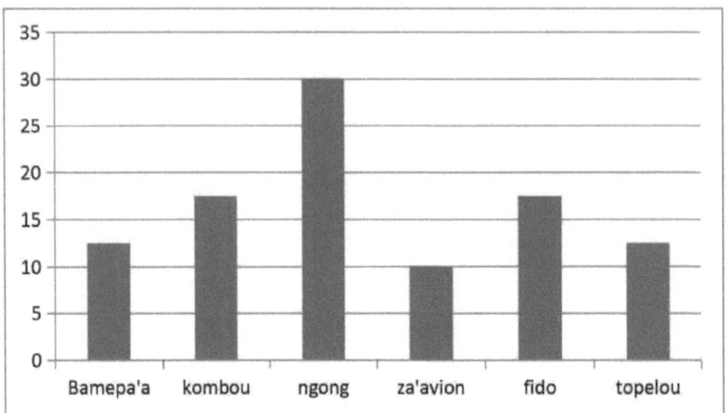

Figura 6: Localização da exploração
Fonte: inquérito no terreno 2015

A investigação foi efectuada em 6 bairros diferentes, nomeadamente Bamepa'ah, Kombou, Ngong, Za'avion, Fido e Topelou. Os inquiridos foram os seguintes: 12,5% de Bamepa'ah, 17,5% de Kombou, 30% de Ngong, 10% de Za'avion, 17,5% de Fido e 12,5% de Topelou.

3.1.4: Nível de escolaridade

A partir do trabalho de campo, a percentagem de inquiridos com aptidão agrícola foi de cerca de 35%, enquanto a dose sem aptidão foi de cerca de 65%

3.1.5 Competências agrícolas adquiridas

Dos inquiridos, vi que 35% tinham adquirido algumas competências agrícolas, 71,43% eram técnicos agrícolas e 28,57% tinham um nível avançado e podiam utilizar a sua experiência em biologia, química e geografia para compreender a sua atividade.

Os que afirmaram não ter adquirido competências escolares dividiram-se em dois grupos: hereditariedade e experiência. 50% cada.

3.2: TERRA E PROPRIEDADE DA TERRA

3.2.1: Dimensão da exploração

Quadro 5: Dimensão da exploração

Responses(hectares)	frequency	Percentage
0-2	20	50%
2.1-4	13	32.5%
4.1-8	4	10%
8.1+	3	7.5%
TOTAL	40	100%

Fonte: Inquérito de campo, 2015

50% dos inquiridos cultivam numa superfície de cerca de 0-2 hectares, 32,5% trabalham numa superfície entre 2,1-4 hectares, 10% entre 4,1-8 hectares e 7,5% em 8,1+. Os dados mostram que a maioria dos inquiridos tem explorações agrícolas com menos de 2 hectares. Isto pode dever-se ao facto de as explorações já estarem ocupadas por diferentes agricultores devido à insuficiência de terras.

3.2.2: Alteração da área b para acesso ao solo

Os inquiridos puderam escolher entre uma resposta afirmativa e uma resposta negativa e as percentagens foram as seguintes: 47,5% responderam afirmativamente e 52,5% responderam negativamente

3.2.3: Período de arranque da exploração

O cultivo nesta área começa principalmente em três períodos diferentes: fevereiro, março e outubro. As respostas foram as seguintes: 22,5% disseram que começaram em fevereiro, 60% em março e 17,5% em outubro.

Tabela 6: Período de exploração

Responses	Frequency	Percentage
February	9	22.5%
March	24	60%
April	7	17.5%
TOTAL	40	100%

Fonte: inquérito no terreno, 2015

Fonte: Dewang, fevereiro de 2015

Figura 7: Agricultor que começou a trabalhar no mês de fevereiro

A imagem acima mostra um agricultor a lavrar o solo para a preparação da plantação no final do mês de fevereiro. Este é um dos períodos em que os agricultores começam a trabalhar nas suas diferentes explorações agrícolas: fevereiro, março e outubro.

3.2.4: Rotação das terras ao longo do ano

Em relação a estes índices, os inquiridos basearam-se nos que cultivam durante a estação seca e a estação das chuvas, tendo 20% afirmado que cultivam apenas uma vez e 80% afirmado que trabalham nas suas explorações duas vezes

3.2.5: Variação anual de terras

75% dos inquiridos responderam que não, enquanto 25% disseram que sim à alteração

3.2.6: Propriedade da terra e método de acesso à terra

A pergunta baseava-se no facto de serem proprietários das suas explorações agrícolas ou de as terem tomado de alguém? 57,5% dos inquiridos responderam que eram proprietários das suas explorações agrícolas, enquanto 46,5% não eram proprietários das terras em que praticavam a agricultura.

3.2.7: Método de pagamento da renda

Quadro 7: Métodos de pagamento das rendas pelos agricultores

Responses	Frequency	Percentage
Sales of product	10	58.82%
Yearly	4	23.53%
Monthly	3	17.65%
Total	17	100%

Fonte: inquérito no terreno, 2015

A partir do quadro acima, os inquiridos disseram que pagam a renda com a venda dos seus produtos. A partir dos dados acima, a maior percentagem dos agricultores vende os seus produtos para pagar a renda. Alguns deles pagam a renda anualmente e outros pagam-na mensalmente.

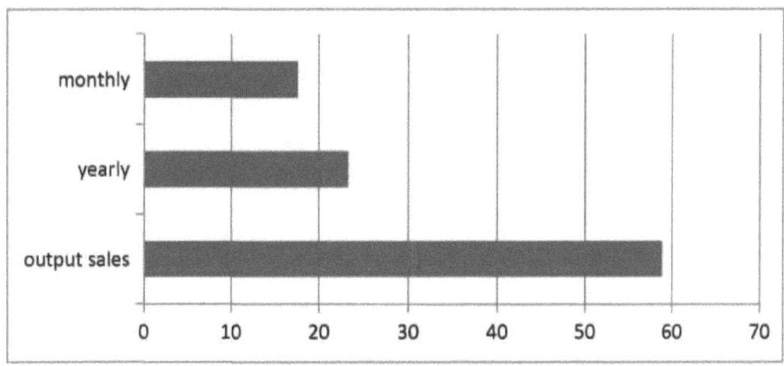

Fonte: inquérito no terreno, 2015
Figura 8: Método de pagamento da renda pelo agricultor

Dos agricultores que não são proprietários da terra onde cultivam, 58,82% disseram

que pagam o aluguer da terra vendendo os seus produtos no final da estação, 23,53%
disseram que o fazem anualmente, enquanto os restantes 17,65% o fazem
mensalmente.

3.2.8: Terras dos agricultores

Quadro 8: Intervalos de apenas uma exploração sazonal

Responses	Frequency	Percentage (%)
All	25	62.5%
<half>0	5	12.5%
≥half<all	3	7.5%
0	7	17.5%
TOTAL	40	100%

Fonte: inquérito no terreno, 2015

A partir da tabela acima, vemos que 62,5% dos agricultores cultivam toda a sua
superfície de terra durante a estação seca, 12,5% menos de metade da exploração,
7,5% cultivam metade ou mais de metade, mas não até todo o tamanho da exploração
e, finalmente, cerca de 17,5% cultivam durante a estação seca.

3.3: OS PRODUTOS HORTÍCOLAS E O MERCADO

3.3.1: agricultores que vendem os seus produtos

A partir das perguntas analisadas no questionário, a maioria dos inquiridos, uma
percentagem de cerca de 87,5%, afirmou vender os seus produtos, enquanto apenas
cerca de 12,5% não vendem os seus produtos

3.3.2: Local de venda destes produtos

Fonte: inquérito no terreno, 2015
Figura 9: Diferentes áreas de vendas

A partir da análise, verifica-se que vendem os seus produtos principalmente em duas áreas, que são os mercados das aldeias, especialmente durante os diferentes dias de mercado. 71,43% dos inquiridos vendem no mercado, enquanto os restantes 28,57% vendem os seus produtos em diferentes cidades como Douala, Bafoussam, Bamenda, etc.

Fonte: Dewang, fevereiro de 2015

Figura 10: Produto vegetal pronto para o mercado

A imagem acima mostra alguns agricultores que estão prontos para enviar os seus produtos para o mercado para venda. Esta imagem mostra que muitos destes agricultores se juntam para enviar os seus produtos para o mercado, de modo a reduzir os custos de transporte.

3.3.3 Quantidade total de utilização dos campos para culturas de rendimento

QUADRO 9: Quantidade de campos utilizados para culturas de rendimento

Responses	Frequency	Percentage
All	25	71.43%
<half>0	6	17.4%
≥half<0	4	11.43%
TOTAL	35	100%

Fonte: inquérito no terreno, 2015

O quadro acima mostra que 71,43% do campo total é utilizado para culturas de rendimento, 17,4% entre 0 e metade e 11,43% entre metade e a totalidade é utilizada para culturas de rendimento

> A pergunta seguinte era para saber se os agricultores ganhavam dinheiro com a descida, tendo sido respondido que sim.

3.4: PRODUÇÃO HORTÍCOLA

3.4.1: Produtos hortícolas cultivados nesse ano

Responses	Frequency	Percentage (%)
Irish Potatoes	12	13.2%
Carrots	17	18.7%
Cucumber	4	4.4%
Leeks	11	12.1%
Parsley	2	2.1%
Tomatoes	15	16.5%
Cabbage	13	14.3%
Hot Pepper	5	5.5%
Green Pepper	6	6.6%
Celery	6	6.6%
TOTAL	91	100%

Fonte: inquérito no terreno 2015

O quadro acima mostra que são cultivados diferentes tipos de legumes na zona, alguns dos quais incluem: batatas irlandesas, cenouras, pepinos, alhos franceses, aipo, salsa, tomates, couves, pimentos, entre outros. Os dados mostram que a maioria das pessoas cultiva cenouras e tomates. E o menos cultivado é a salsa.

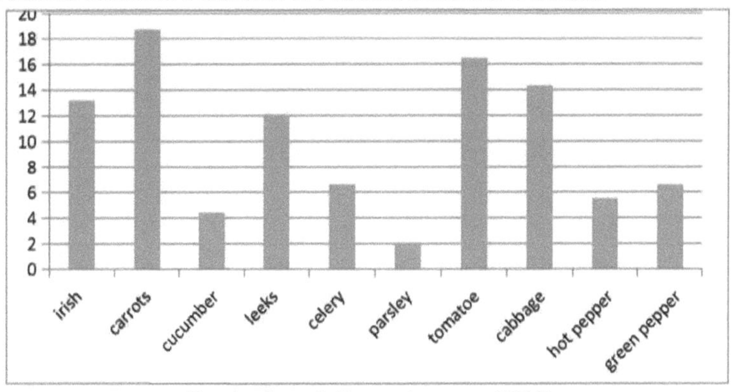

Fonte: inquérito no terreno 2015
Figura 11: Culturas cultivadas nesse ano

A partir do quadro e do gráfico acima, podemos ver os diferentes legumes produzidos pelos inquiridos da minha área de estudo. Os produtos hortícolas são a batata-inglesa, a cenoura, o pepino, o alho francês, a salsa, o tomate, a couve, o pimento e o pimento verde. A percentagem de cada um destes produtos é a seguinte: batata-inglesa 13,2%, cenoura 18,7%, pepino 4,4%, alho francês 12,4%, aipo 6,6%, salsa 2,1%, tomate 16,5%, couve 14,3%, pimento picante 5,5% e pimento verde 6,6%. As cenouras e os tomates são considerados os principais produtos produzidos pelos agricultores.

3.4.2: Número de épocas de colheita

Durante a análise do questionário, todos os inquiridos afirmaram que fazem mais do que uma colheita nas suas diferentes explorações agrícolas

3.4.3: Os que cultivam diferentes culturas na mesma terra

57,5 dos inquiridos disseram que plantavam diferentes culturas na mesma terra, enquanto os outros 42,5% disseram que não plantavam diferentes culturas na mesma terra.

3.4.4: Mudança na escolha de culturas ao longo do tempo

Os inquiridos responderam da seguinte forma 62,5% dos inquiridos disseram SIM à mudança de escolha de cultura ao longo do tempo. Enquanto os restantes 37,5% disseram NÃO à mudança, na maioria das vezes mantêm-se fiéis à mesma cultura que cultivam.

3.4.5: Factores que afectam a escolha das culturas

QUADRO 11: Factores que afectam a escolha da cultura

Responses	Frequency	Percentage
Soil Type	14	16.28%
Input Expenses	18	20.92%
Weather	11	12.8%
Water availability	19	22.1%
Market Demand	24	27.9%
TOTAL	86	100%

Fonte: inquérito no terreno, 2015

O quadro acima mostra que existem quatro tipos principais de factores que afectam a escolha dos agricultores: o tipo de solo, as despesas com os factores de produção, a disponibilidade de água e a procura do mercado. Verifica-se que a procura do mercado e a disponibilidade de água são os principais factores que levam os agricultores a produzir uma determinada cultura.

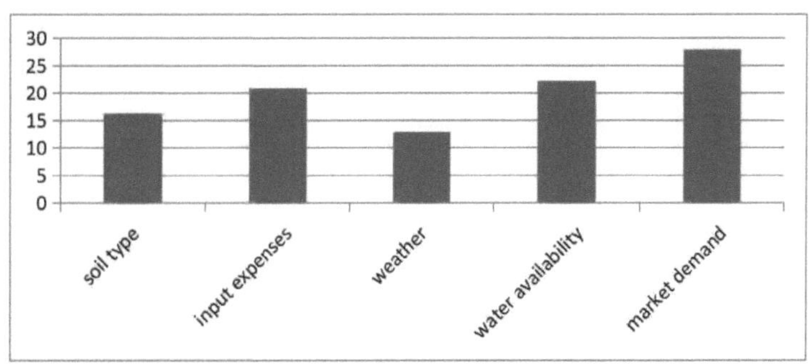

Fonte: inquérito no terreno, 2015
Figura 12: mostrando os diferentes factores que afectam a escolha da cultura

A partir do quadro e do gráfico acima, podemos observar que diferentes factores são responsáveis pela escolha das culturas dos agricultores. Estes factores têm efeitos diferentes para os diferentes agricultores e são classificados da seguinte forma O tipo de solo, com uma percentagem de 16,28%, as despesas com insumos 20,92%, o clima 12,9%, a disponibilidade de água 22,2% e a procura do mercado 27,9%.

3.5: A HORTICULTURA COMERCIAL E AS SUAS NECESSIDADES

3.5.1: A utilização de fertilizantes nas explorações agrícolas
Quadro 12: mostra os diferentes fertilizantes utilizados pelos agricultores

Responses	Frequency	Percentage
N.P.K	21	33.9%
Yara	17	27.4%
Compose manure	12	19.35%
20 10 10	12	19.35%
TOTAL	62	100%

Fonte: inquérito no terreno, 2015

A utilização de fertilizantes nas explorações agrícolas, de acordo com os inquiridos, foi a seguinte: N.P.K 33,9%, 27,4% para yara, 19,35% para estrume composto e 19,35% para 20 10 10.

3.5.2: Utilização de pesticidas em plantas

Quadro 13: que mostra as diferentes utilizações de pesticidas pelos agricultores

Responses	Frequency	Percentage
CYPERCAL 12 EC	5	12.5%
CYPALM 50 EC	7	17.5%
BAYTHROID 025 EC	3	7.5%
CALLIDIM 400 EC	7	17.5%
Manebe 80%	10	25%
Mancozebe 800g/kg	8	20%
TOTAL	40	100%

Fonte: inquérito no terreno, 2015

A partir do quadro acima, podemos ver que a utilização de pesticidas nas explorações agrícolas de Babadjou são de diferentes variedades e a percentagem de utilização é de 12,5% para CYPERCAL 12EC, 17,5% para CYPALM 50 EC, 7,5% para BAYTHROID 025 EC, 17,5% para CALLYDIM, 25% e 20% para Manebe e Mancozebe 800g/kg respetivamente.

3.5.3: A prática da irrigação

Dos inquiridos, cerca de 82,5% praticam a irrigação e os restantes 17,5% apenas praticam a agricultura durante a estação das chuvas.

3.5.4: Tipo de irrigação praticada

QUADRO 14: Tipo de irrigação

Responses	Frequency	Percentage
Drip irrigation	9	24.24%
Gravity micro irrigation	6	18.18%
Check basin model	8	24.24%
Sprinkler irrigation model	8	24.24%
Bucket	3	9.1%
TOTAL	33	100%

Fonte: inquérito no terreno, 2015

A partir da tabela acima, as fazendas recebem água de 5 maneiras diferentes. Estas formas incluem: irrigação por gotejamento, micro irrigação por gravidade, irrigação por bacia de controlo, modelo de irrigação por aspersão e finalmente o uso de baldes. Estes diferentes métodos de irrigação são dominados pela irrigação por gotejamento, modelo de bacia de controlo e o modelo de irrigação por aspersão. Estes 3 são os mais utilizados na zona.

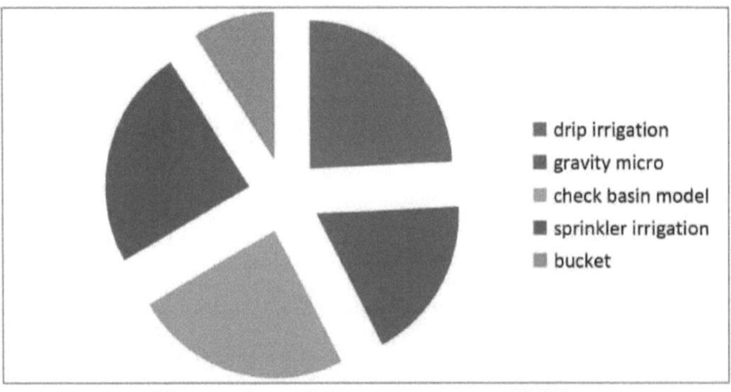

Fonte: inquérito no terreno, 2015
Figura 13: Diferentes métodos de irrigação

A partir da tabela acima, vemos que há uma variedade de tipos de irrigação na área. Mostra que cerca de 3 destes métodos de irrigação são mais populares do que os outros, com uma percentagem de 24,24% para a irrigação por gotejamento, modelo de bacia de controlo e modelo de irrigação por aspersão. 18,18% para a micro irrigação por gravidade e apenas cerca de 9,1% dos agricultores utilizam baldes para irrigar as suas explorações.

Fonte: Dewang, fevereiro de 2015
Figura 14: Instalação de tubos para irrigação

Fonte: Dewang, fevereiro de 2015
Figura 15: Modelo da bacia de controlo

As imagens acima mostram as práticas de irrigação nas explorações agrícolas de Babadjou. Mostram a forma como os agricultores se adaptam à nova tendência de cultivo de vegetação. Esta prática é efectuada principalmente durante a estação seca, no final das chuvas.

3.5.5: Fonte de água para irrigação

Quadro 15: Fonte de água para irrigação

Responses	Frequency	Percentage
River/streams	31	93.94%
Marshes	2	6.06%
TOTAL	33	100%

Fonte: inquérito no terreno 2015

A partir da tabela acima, observamos que cerca de 93,94% dos que praticam a irrigação vão buscar a sua fonte aos rios e riachos do meio ambiente, enquanto os outros 6,06% estão diretamente em áreas pantanosas, onde não têm grande impacto nas águas superficiais.

3.5.6: Modos de irrigação

QUADRO 16: formas de rega da exploração

Responses	Frequency	Percentage
Pump	25	80.65%
Bucket	5	19.35%
TOTAL	31	100%

Fonte: inquérito no terreno, 2015

A partir da tabela acima, podemos ver que duas maneiras são usadas para a fazenda receber água, seja com o uso de balde ou com o uso de bomba. Vemos que cerca de 80,65% dos agricultores usam bomba para regar suas fazendas, enquanto 19,35% usam baldes.

3.5.7: Efeitos na quantidade de água disponível

Do número total de inquiridos, a maior percentagem afirmou que a prática da irrigação teve efeitos na quantidade de água disponível, ou seja, cerca de 83,87%, enquanto os restantes 16,13% afirmaram que não houve alterações na quantidade de água.

Das pessoas que falam de uma mudança na quantidade de água, eles córregos e rios, isto porque nos últimos anos eles têm notado uma redução em alguns desses rios e até mesmo alguns dos rios estão agora mesmo secos no coração da estação seca. Dizem também que isto afecta a população que depende destes rios, obrigando-a a procurar água noutro local, sendo que normalmente percorrem longas distâncias a pé para ir buscar água.

3.5.8: Impactos na qualidade da água

Do número total de inquiridos, um bom número disse que sim ao facto de a prática da irrigação afetar a qualidade da água. Cerca de 93,55% disseram que sim, enquanto os restantes 6,45% disseram que não. Os agricultores que disseram que sim foram depois questionados oralmente sobre como é que a qualidade da água é afetada? A maior parte, para não dizer todos, foram a favor da utilização destes produtos químicos que poluem a água e que, com a transformação da terra, alteram o padrão da água e provocam a sedimentação dos rios, o que causa graves problemas à população da encosta de Babadjou.

3.6: A ÁGUA E A COMUNIDADE

3.6.1: Tipo de água utilizada em casa

Quadro 17: que mostra as diferentes fontes de utilização da água pela população

Responses	Frequency	Percentage
Surface water	21	52.5%
Ground water	11	27.5%
Wells	8	20%
TOTAL	40	100%

Fonte: inquérito no terreno, 2015

A tabela acima mostra o tipo de utilização da água pelos diferentes agregados familiares. Mostra que cerca de 52,5% dos agregados familiares utilizam água de superfície para os seus diferentes usos domésticos, 27,5% utilizam água subterrânea e os restantes 20% escavam poços que h a utilizam para as suas actividades domésticas.

3.6.2: Mudança de fonte de água durante o ano

Para esta pergunta, os inquiridos tinham de escolher entre sim e não, 60% deles disseram Não, o curso da água não muda durante o ano. Os restantes 40% responderam que sim, que o curso da água muda durante o ano e que são obrigados a deslocar-se durante muitas horas e a longas distâncias para ir buscar água para usar em casa.

3.6.3: Problemas ligados à água

Do número total de inquiridos, 42,5% disseram que enfrentam alguns problemas com a água. Alguns desses problemas podem incluir: secura do rio, especialmente nas estações secas, poluição da água, entre outros, congestionamento dos poços comunitários e até mesmo o uso da força para eliminar os de vime, falta de tubos de água para facilitar a recolha de água.

3.7: TESTE DE HIPÓTESES

O teste da hipótese basear-se-á no questionário efectuado durante o inquérito no terreno. Este teste incidirá sobre as questões que visam saber se a causa da irrigação tem um efeito sobre as águas superficiais à luz da qualidade e da quantidade. Durante este teste, será utilizado o teste do **Qui-Quadrado (x^2)**.

A hipótese era a seguinte,

H_0 : A prática da irrigação tem um impacto negativo nas águas de superfície e na população de Babadjou

H_1 : A prática da irrigação não tem impacto nas águas de superfície e na população de Babadjou

O objetivo desta técnica (x^2) é verificar se existe ou não uma correlação entre a horticultura comercial e a disponibilidade de água de superfície na sub-divisão de Babadjou.

É enunciada como Hipótese nula (H_0): a prática da irrigação tem um impacto negativo nas águas superficiais e na população de Babadjou.

A fórmula para $X^2 = (o - e)2 / e$

Onde: X^2 = qui-quadrado

O= observar valor

E= valor esperado

Quadro 18: Valor observado

	Effect of irrigation on water quality	Effect of irrigation on water quantity	total
Yes	26	29	55
No	5	2	7
total	31	31	62

Valor esperado =Total de linhas x total de colunas / total geral

Quadro 19: Valor esperado

	Effect of irrigation on water quality	Effect of irrigation on water quantity	Total
Yes	27.5	27.5	55
No	3.5	3.5	7
Total	31	31	62

A=55 x 31/62= 27,5

B = 55 x 31/62= 27,5

C = 7 x 31/62 = 3,5

D = 7x 31/62 = 3,5

Quadro 2: diferença entre a frequência observada e a frequência prevista

cells	observed	Expected
A	26	27.5
B	29	27.5
C	5	3.5
D	2	3.5

$X^2 = (o - e)2 / e$

$A = (26-27,5)^2 / 27,5$

$= 2.5-27.5 = \mathbf{0.08}$

$B = (29-27,5)^2 / 27,5$

$= 2.5/27.5 = \mathbf{0.08}$

$C = (5-3,5)^2 / 3,5$

$= 2.25/3.5 = \mathbf{0.643}$

$D = (2-3,5)^2 / 3,5$

$= 2.25 /3.5 = \mathbf{0.643}$

$X^2 = 0{,}08+0{,}08+0{,}643+0{,}643 = 1{,}45$

Df (grau de liberdade) = (número de linhas-1) x (número de colunas-1)

= (2-1) x (2-1) = 1x1= 1

Tabela Qui-quadrado = 3,84

Explicação da resposta

Com um grau de liberdade de (1) e o Qui-Quadrado calculado, (1,45) e com o Qui-Quadrado da tabela, (3,84), aceita-se a Hipótese Nula de que existe um impacto negativo da irrigação nas águas superficiais e na população de Babadjou. Uma vez que o valor Chi calculado (1,45) é inferior ao Chi quadrado da tabela (3,84). Isto significa que existe uma correlação entre a horticultura comercial e as águas de superfície. E esta correlação baseia-se num impacto negativo.

CAPÍTULO QUATRO

RESUMO DOS RESULTADOS, RECOMENDAÇÕES E CONCLUSÕES

Este capítulo apresenta a discussão, as recomendações e as conclusões baseadas na análise dos resultados apresentados no Capítulo 3. A horticultura comercial em Babadjou é uma atividade recente que surgiu nas últimas duas décadas. Embora sempre tenha existido alguma produção hortícola, esta era em pequena escala e consistia maioritariamente em batata-inglesa. Durante as últimas décadas, a intensidade da horticultura comercial na área tem vindo a aumentar; isto pode dever-se a muitos factores, como se explica mais detalhadamente a seguir. Este aumento da produção hortícola em Babadjou teve como consequência o aumento da pressão sobre as águas superficiais, o que provocou um grande número de consequências tanto para a água como para a população de Babadjou.

4.1: Resumo das conclusões

As conclusões deste trabalho de investigação foram baseadas nos resultados obtidos no terreno. Verificou-se que os principais problemas de escassez de água em algumas zonas e de poluição se deviam à prática da irrigação associada à utilização de fertilizantes e pesticidas. Uma boa explicação para este facto será que, como os agricultores utilizam estes fertilizantes químicos, isso leva à poluição da água e, por conseguinte, afecta a qualidade da água. Durante a investigação e o inquérito de campo, as pessoas entrevistadas aperceberam-se do problema causado pela aplicação destes produtos químicos, uma vez que a maioria da população depende destes rios para as suas actividades domésticas diárias.

Devido à falta de água potável na comuna de Babadjou, as pessoas são obrigadas a utilizar fontes de água duvidosas como rios, riachos, poços e até mesmo água da chuva para beber e para outros usos domésticos.

O outro ponto a salientar é o impacto na quantidade de água. Para a quantidade de água e com a tendência global de que a água nas áreas interiores está a diminuir e com a associação com a nova prática de irrigação que ajuda na redução desta quantidade de água. A prática da irrigação ajuda a reduzir a quantidade de água das seguintes formas, tal como explicado pela população de Babadjou durante o meu inquérito de campo.

O primeiro ponto foi o da prática da atividade durante a estação seca, que conduz naturalmente a uma diminuição do curso do canal do rio/córrego. Isso porque a prática drena a água desses rios e a transporta por vários metros ou até quilo metros para espalhar a água nas plantas. Isso acelera o ritmo de secagem do rio. Conforme explicado por algumas pessoas da área em torno de Fido, o rio chamado Toulepeih, que nos últimos anos tinha um caudal muito elevado durante a estação das chuvas e da seca, mas agora, com a agricultura excessiva nas montanhas em torno de Ngong, onde o rio nasce, e a prática da irrigação na área, a tendência observada desde a última década é uma rápida redução da quantidade de água, o que afecta grandemente as pessoas que dependem dessa água na encosta.

Não foram observados apenas impactos negativos durante o inquérito no terreno. Também se observou, como explicado por algumas pessoas nas diferentes áreas onde o inquérito foi realizado, que alguns agricultores que praticam diferentes actividades agrícolas, como a produção de cereais, tiveram um aumento da sua produção em relação aos que produzem nas áreas planas à volta de Kombou e nas outras áreas pantanosas de Babadjou. Este aumento de produção pode dever-se, em parte, à lavagem e ao transporte destes fertilizantes e pesticidas por alguns rios a partir das zonas de produção de legumes e despejando-os na encosta inferior das explorações agrícolas deste outro tipo de agricultura.

Não obstante o facto de muitos agricultores verem vantagens na prática da produção hortícola, os efeitos negativos que esta tem nos recursos hídricos são grandes e não devem ser esquecidos. A prática da horticultura não é uma atividade perigosa, tudo depende da forma como é conduzida. A esta luz, tentaremos então ver as razões pelas quais as populações de Babadjou, apesar dos efeitos negativos que esta prática acarreta, continuam a levar a cabo esta atividade.

O clima e as condições meteorológicas da zona são favoráveis ao cultivo destas culturas, o que, associado ao clima frio e aos solos vulcânicos férteis, desempenha um papel importante na implantação deste tipo de agricultura na zona. O clima frio de montanha e a disponibilidade de água fresca de fonte direta também contribuem para a produção desta cultura na zona.

A tendência geral da agricultura atual é que a maioria dos agricultores se dedica a produzir cada vez mais produtos vegetais. Isto deve-se ao elevado valor que tem na nova sociedade, pois é o alimento básico da maioria das pessoas ricas, o que leva ao aumento do número de pessoas envolvidas na atividade. O crescimento desta atividade em Babadjou é recente. Nos anos anteriores, eram poucos os que se dedicavam a esta atividade e a variação no cultivo não era como hoje. No início, eram cultivadas apenas algumas culturas, como batatas irlandesas, tomates, cenouras, etc.

A população de Babadjou depende sobretudo desta atividade para gerar rendimentos. Babadjou, situada nos Camarões, na zona rural, é uma zona agrícola que depende sobretudo da agricultura para passar a vida. A maior parte dos agricultores que produzem cereais não o fazem para venda, mas sim para consumo doméstico, pelo que, para terem algum dinheiro, também se dedicam à produção de hortícolas, o que os ajuda a gerar algum dinheiro para melhorarem o seu nível de vida. A maior parte dos agricultores que produzem este tipo de cultura fazem-no sempre como cultura de rendimento.

4.2 Recomendações

Os agricultores da zona de estudo deveriam utilizar mais os fertilizantes orgânicos, que são menos perigosos para a água e para a população humana. A utilização destes fertilizantes orgânicos não provocará uma queda na capacidade de produção dos agricultores, o que constitui uma boa explicação para a melhoria da tecnologia dos fertilizantes orgânicos. A maioria dos agricultores de Babadjou depende do tipo de fertilizantes a que estão habituados, pelo que não será fácil mudar os seus hábitos.

Os agricultores de Babadjou deveriam utilizar tecnologias mais avançadas na irrigação. Isto ajudará a drenar apenas uma quantidade específica de água que será apenas suficiente para as plantas. Esta melhoria nas técnicas de irrigação ajudará a reduzir o efeito que tem na redução da água.

O governo deve intervir neste domínio para ajudar os agricultores a melhorar os diferentes tipos de irrigação que praticam. Através de subsídios e incentivos, o governo deve implementar funções de irrigação para a população e controlar a utilização de pesticidas e fertilizantes nas explorações agrícolas, de modo a evitar o problema contínuo da secura da água e o impacto na qualidade da água. Através deste método, a população de Babadjou estará bem consciente das consequências da sua atividade para o ambiente e para as suas próprias vidas.

Uma vez que a atividade tem fins comerciais, o governo, através da abertura de centros de formação com especialistas no domínio da irrigação e da horticultura comercial, ajudará os agricultores a estarem mais conscientes de como obter maiores lucros e reduzir as consequências para o ambiente. Estes especialistas ajudarão a educá-los e a ensinar-lhes novas técnicas e formas de obter maiores lucros. Isto será de grande importância para a atividade atual na região.

4.3: Limitações do estudo

O estudo de investigação foi uma tentativa de avaliar os impactos da horticultura comercial na disponibilidade de águas superficiais. Esta investigação foi, no entanto, limitada pela falta de fundos. Foi difícil alargar a área de avaliação. Também foi limitada pela acessibilidade da área com estradas pobres, paisagem inadequada com a sua natureza montanhosa tornou a cobertura da área muito difícil. Isto está relacionado com o facto de os Camarões, enquanto nação em desenvolvimento, ainda não disporem da capacidade técnica e dos recursos financeiros necessários para facilitar o trabalho de investigação

CONCLUSÃO

A horticultura comercial continua a ser a principal fonte de redução da água e de degradação da qualidade da água. Esta horticultura comercial levou a uma mudança na utilização das águas superficiais para a população da encosta. Este problema pode ser acompanhado de alguns objectivos, a fim de se analisar o problema e procurar as suas soluções. Alguns destes objectivos são: descobrir como é que a população da encosta reage à alteração do padrão da água, estabelecer os impactos positivos e negativos desta atividade para a população de Babadjou.

Durante o processo de procura de uma solução para este problema, a investigação passou por um bom número de etapas, que incluem: uma boa compreensão do tema, dando uma boa explicação dos diferentes indicadores do tema, uma boa compreensão da área de estudo, uma revisão simplificada e bem elaborada da literatura, um conceito explicado para melhor simplificar a compreensão do trabalho, uma boa análise dos dados seguida de uma boa apresentação desses dados. Este trabalho foi finalizado com o teste de uma hipótese que aceitou claramente a hipótese de que a jardinagem de mercado afecta claramente a qualidade e a quantidade das águas superficiais.

Observa-se que o problema não está a diminuir, uma vez que, com o passar do tempo, o número de pessoas que praticam a atividade tem vindo a aumentar. No entanto, uma vez que o problema da utilização de pesticidas e fertilizantes, juntamente com a prática da irrigação, nunca pode ser erradicado e nem mesmo reduzido, os agricultores devem tentar utilizar fertilizantes orgânicos mais adaptados e um melhor método de irrigação, bem como a adaptação de instalações de armazenamento de águas pluviais que possam ser utilizadas durante a estação seca para fins de irrigação.

REFERÊNCIAS

Ale, S., Bowling, L. C., Brouder, S. M., Frankenberger, J. R., & Youssefe M. A. (2009). *Simulated Effect of Drainage Water Management Operational Strategy on Hydrology and Crop Yield for Drummer Soil in the Midwestern United States.* Agricultural Water Management, 96(4), 653-665.

Atkinson, S. F., Hunter, B. A. e English A. R. (2010). *Priorização de corredores ripários para a proteção da qualidade da água em bacias hidrográficas urbanizadas* J. Water Resource and Protection, 2, 675-682

Boca e Raton, FL. (1997) *Toxicity, Environmental Impact and Fate- in Liu,* D.H. and Liptak, B.G., Ed. . Environmental Engineers Handbook. , Lewis Publishers, Florida

Bunel JP., Bouron B. (1992) *Evaporation Des Nappes d'Eau Libre en Afrique Sahelienne et Tropicale.* CIEH/Orstom, Montpellier, 402 p.

Cecchi P. Ed. (2002) *"De terre et d'Eau. Les Petits Barrages du Nord de la Cote d'Ivoire.* Coleção Latitudes 23, IRD Editions, Paris. CIRAD-GRET, Memento de l.agronome, Ministere des Affaires etrangeres, Paris, França, 1691 p. + CDs.

Chazovachii, B. (2012) *"The Impact of Small Scale Irrigation Schemes on Rural Livelihoods.* O caso do Esquema de Irrigação de Panganai, Distrito de Bikita, Zimbabué". Jornal de Desenvolvimento Sustentável em África 14 (4): 217-231.

Clarke, E. E. K., L. S. Levy, A. Spurgeon, e I. A. Calvert. (1997). *"The Problems Associated with Pesticide Use by Irrigation Workers in* GAawaAOccupational Medicine 47 (5): 301-308.

Hamilton, A.J., Stagnitti, F., Xiong, X., Kreidil, S.L., Benke, K.K., Maher, P., (2007).

Wastewater Irrigation', the state of play. Vadose Zone Journal 6, 823-840. . Citado em Srinivasan, J. T., e V. R. Reddy. (2009). *"Impacto da qualidade da água de irrigação na saúde humana: A Case Study in India. "* Ecological Economics 68: 2800-2807.

Capítulo *fworldfresh water"* de Igor Shihlomanov em Peter H. Gleick *guide to the World Fresh Water Resource*

Hansen, V. E., Israel son, O. W., e String ham, G. E. (1979) *Irrigation Principles and Practices* 4th edition. John Wiley, Nova Iorque.

Molden, D. ed. (2007) *Water for Food, Water for Life: A Comprehensive Assessment of Water Management in Agriculture.* Londres: Earthscan; Colombo, Sri Lanka: Instituto Internacional de Gestão da Água.

Nchoutnji, I., Fofiri Nzossie, E.J., Olina Bassala, J.P., Temple, L. e Kameni, A. (2009). *Systeme Maraichers en Milieux urbain et Periurbain des Zones Soudano-Sahelienne et Soudano-Guineenne du Cameroun :* cas de Garoua et Ngaoundere. Tropicultura, 27 (2): 98 104.

QUESTIONÁRIO PARA AGRICULTORES DE PRODUÇÃO HORTÍCOLA

Chamo-me Dewang Djyo Stephane e sou estudante de Geografia na Faculdade de Ciências Sociais e de Gestão da Universidade de Buea. Estou a recolher dados para uma investigação na região de Babadjou. A minha investigação incide sobre os impactos da horticultura comercial nas encostas norte do monte Bamboutos. Os dados fornecidos destinam-se a fins académicos e a sua privacidade será respeitada. (Por favor, assinale ou escreva no espaço fornecido)

I) GERAL

1. Tipo de habitação? Lama □ tijolo □ telha □
2. Quantas pessoas ficam em casa?
3. Onde se situa a quinta?

II) TERRA E PROPRIEDADE FUNDIÁRIA

4. Quantos hectares cultiva?
5. A área muda de acordo com o acesso à água na área?
6. Em que mês do ano começa a cultivar este campo?
7. Quantos meses cultiva este campo por ano?
8. A dimensão e a localização da superfície que utiliza para a agricultura alteram-se durante o ano? Até quando?
9. É proprietário das terras que cultiva? Sim □ Não □ Outro?

Em caso afirmativo, passar a romano III

10. Como é que paga a renda do seu campo?
11. A quem pertence a terra onde trabalha?
12. Das terras que possui/aluga, quanto cultiva durante a estação seca?

Durante a estação das chuvas? ....e

III) PRÁTICAS AGRÍCOLAS ACTUAIS

13. Tem formação em agricultura? Sim □ Não □

14. Em caso afirmativo, que tipo de formação agrícola possui?

Em caso negativo, como é que aprendeu as práticas agrícolas de horticultura comercial?

15. Que culturas estão a ser cultivadas este ano?

16. Faz mais do que uma colheita por ano no seu campo?

17. Cultiva diferentes plantas no mesmo campo ao longo da estação de crescimento? Sim □ Não□

a. Porque é que os cultiva?

b. Quais são os mais rentáveis?

c. Quais são as necessidades de produtos químicos para cada um deles na sua cultura?

i. Fertilizantes

ii. Pesticidas

18. As suas escolhas de culturas mudam ao longo do tempo? Sim □ Não □

d. Em caso afirmativo, porquê?

e. Como é que mudaram (por exemplo, o que é que têm cultivado?)

19. Que factores influenciam a escolha das culturas plantadas? (Assinalar)

(f). Tipo de solo □ (g) Despesas de entrada □ (h) Clima □

(I) Disponibilidade de água □ (J) Procura do mercado □

(K) Outros

(IV) AGRICULTURA E MERCADO

20. Vende as suas colheitas □ Sim □ NãoSe sim, onde

21. Que parte do terreno é utilizada para a cultura comercial?

22. Ganha dinheiro com a descida?

(V) ÁGUA E AGRICULTURA

23. Pratica a irrigação? Sim □ Não □

Em caso afirmativo, qual?

Em caso negativo, como é que a cultura recebe a água?

24. De onde é retirada a água para irrigação?

25. Como é que rega? (Bomba ou balde) ....Se balde, quantos baldes para cada canteiro?

26. Esta prática reduz a quantidade de água disponível para outras actividades? Sim □ Não □ Como □

27. Isto afecta a qualidade da água para consumo? □ Sim □ Não

Como?

(VI) A ÁGUA E O AGREGADO FAMILIAR

28. Que tipo de água (águas superficiais, águas subterrâneas) é utilizada no agregado familiar (para lavar, beber, etc.)?

29. A fonte de água muda durante a estação seca? Sim □ Não □

a. Proximidade da fonte de água

b. Quanto tempo gasta desde a sua casa até chegar à fonte de água?

c. Pagam/quanto pagam pela água? Sim □ Não □ ; Como é que paga a água?

(VII) A ÁGUA COMO UM CONFLITO

30. Existem conflitos relativos à utilização da água no ambiente? Sim □ Não □

Que tipo de conflitos?

Printed by Books on Demand GmbH, Norderstedt / Germany